Barthélemy BAWAR

Relatório sobre a rede de controlo da qualidade da água em 2023

AF293022

Barthélemy BAWAR

Relatório sobre a rede de controlo da qualidade da água em 2023

Rede nacional de monitorização da qualidade da água pelo laboratório da Direção-Geral dos Recursos Hídricos: ano 2023

ScienciaScripts

Imprint

Any brand names and product names mentioned in this book are subject to trademark, brand or patent protection and are trademarks or registered trademarks of their respective holders. The use of brand names, product names, common names, trade names, product descriptions etc. even without a particular marking in this work is in no way to be construed to mean that such names may be regarded as unrestricted in respect of trademark and brand protection legislation and could thus be used by anyone.

Cover image: www.ingimage.com

This book is a translation from the original published under ISBN 978-620-6-71137-7.

Publisher:
Sciencia Scripts
is a trademark of
Dodo Books Indian Ocean Ltd. and OmniScriptum S.R.L publishing group

120 High Road, East Finchley, London, N2 9ED, United Kingdom
Str. Armeneasca 28/1, office 1, Chisinau MD-2012, Republic of Moldova, Europe
Printed at: see last page
ISBN: 978-620-7-61709-8

PREÂMBULO

Este relatório sublinha a importância crucial do controlo da qualidade da água no Burkina Faso, tendo em conta as numerosas fontes de poluição, como as descargas industriais, a exploração mineira em pequena escala e a utilização intensiva de fertilizantes químicos na agricultura. Estes factores comprometem a qualidade físico-química da água, tornando-a inadequada para diversas utilizações. Desde 1992 que existe uma rede nacional de controlo da qualidade da água, inicialmente constituída por 32 pontos, mas que se revelou insuficiente face ao aumento da poluição. Em 2018, foi realizada uma expansão da rede para 80 locais, mas as restrições de segurança impediram que alguns pontos fossem monitorizados em 2023. O relatório destaca as dificuldades associadas à recolha, ao tratamento e à utilização dos dados, identificando simultaneamente as necessidades de assegurar uma monitorização adequada da qualidade da água bruta, tanto a nível nacional como transfronteiriço.

ÍNDICE

INTRODUÇÃO

A qualidade da água é um parâmetro importante que afecta todos os aspectos do bem-estar dos ecossistemas e dos seres humanos, tais como a saúde das populações, a produção alimentar, as actividades económicas e a biodiversidade. No Burkina Faso, a qualidade da água bruta levanta muitas questões devido às descargas industriais não controladas, à exploração em pequena escala dos recursos mineiros e à utilização intensiva de fertilizantes químicos na agricultura. Estas diferentes fontes de poluição contribuem para a deterioração da qualidade físico-química da água, tornando-a inadequada para os usos desejados. A monitorização da qualidade da água tornou-se um imperativo para a proteção do ambiente e da saúde dos seres vivos. Por esta razão, é importante monitorizar a qualidade da água e a sua evolução no tempo e no espaço. Para tal, existe, desde 1992, uma rede nacional de 32 pontos de monitorização da qualidade da água, distribuídos pelas quatro (04) bacias hidrográficas, uma rede não optimizada, com uma densidade muito baixa, que não consegue responder às necessidades de monitorização da qualidade da água num contexto de crescente poluição natural e antrópica dos recursos hídricos. Assim, a Direção Geral dos Recursos Hídricos (DGRE) aumentou o número de pontos de amostragem em 2018.A atual rede de monitorização da qualidade da água bruta, gerida pelo Serviço de Qualidade da Água (SQE), é composta por 80 pontos de medição, que são pontos de amostragem na localização de determinados pontos piezométricos e estações hidrométricas.Para este ano de 2023, cerca de trinta pontos não puderam ser monitorizados devido à situação de segurança em determinadas zonas do país.Assim, este relatório evidencia as dificuldades no sistema de recolha, tratamento e utilização dos dados, e define os requisitos para uma monitorização adequada, de forma a perpetuar a monitorização da qualidade da água bruta.

I. APRESENTAÇÃO DA REDE DE CONTROLO DA QUALIDADE DA ÁGUA

A atual rede de monitorização da qualidade da água da DGRE é uma rede de âmbito nacional constituída essencialmente por 80 locais, incluindo 36 estações hidrométricas e 44 locais piezométricos e furos de sondagem, como se pode ver na **Figura 1** :

Figura 1: Mapa da rede de monitorização da qualidade da água

II. APRESENTAÇÃO DOS RESULTADOS

II.1. Fontes de dados

Em 2023, foram realizadas três (03) campanhas de amostragem de água na rede de monitorização da qualidade da água, a primeira em maio/junho, a segunda em setembro/outubro e a terceira em dezembro. As amostras de água recolhidas foram analisadas in situ e no laboratório da DGRE.

II.2. Pontos fortes e fracos dos dados

II.2.1. Forças

- O primeiro ponto forte destes dados é o facto de serem provenientes de amostras recolhidas e analisadas pelo mesmo laboratório: o laboratório da DGRE, que utiliza métodos de amostragem e de análise normalizados;

- O segundo ponto forte destes dados reside no facto de se inserirem num espaço de tempo bastante curto: todos os pontos foram amostrados em 2023 ;

- O terceiro é o facto de terem sido realizadas três campanhas de amostragem ao longo do ano. 2023 nos mesmos pontos da rede de monitorização.

II.2.2. Pontos fracos

Os dados revelam muitas fragilidades, das quais as mais importantes são destacadas a seguir:

- O primeiro ponto fraco dos dados é o facto de não serem representativos. Dos 80 pontos de água planeados para o país, apenas cerca de trinta foram amostrados e analisados. Este facto deveu-se à insegurança em certas zonas de amostragem.

- O segundo ponto fraco diz respeito à rede, que esconde as disparidades na qualidade da água no subsolo;

- O terceiro ponto fraco diz respeito à ausência de certos parâmetros importantes, como o **cianeto, o mercúrio, o chumbo, o cádmio, o crómio, o arsénico e** os **resíduos de pesticidas** em todos os dados (águas superficiais e subterrâneas), apesar de algumas zonas conterem instalações e empresas mineiras. Estes parâmetros são muito importantes para a qualidade das águas subterrâneas. Isto deve-se a uma avaria observada desde 2022 no espetrómetro de absorção atómica, nomeadamente no modo forno, que permitiria medir estes parâmetros. parâmetros. É de salientar que este aparelho necessita de manutenção desde a sua instalação, há cerca de dez anos, o que prejudica o seu funcionamento.

- Os dados relativos às águas de superfície carecem igualmente de parâmetros de poluição como a **carência bioquímica de oxigénio (CBO5), a carência química de oxigénio (CQO) e outros micro-poluentes orgânicos e minerais.** Este facto deve-se à falta de equipamento para medir os índices químicos CBO5 e CQO no laboratório da DGRE.

Os quadros (I, II, III, IV) resumem as medições e análises físico-químicas efectuadas nos locais da rede de monitorização da qualidade da água em 2023.

Tabela I: Resultados da análise dos sítios de águas subterrâneas estudados

Nome dos pontos de água	Período de amostragem	T°C	PH	Condutividade (μS/cm)	Turbidez (NTU)	Cálcio (mg/L)	Magnésio (mg/L)	Bicarbonato (mg/L)	Cloreto (mg/L)	Nitratos (mg/L)
Piezómetro Niang oloko	maio/junho	31,4	5,79	99,6	10,61	4,64	0,048	58,56	0,77	1,93
	setembro/outubro	30	6,38	115,9	9,5	5,6	1,92	59,78	0,1	0,5
	dezembro	30,3	5,22	92,8	2,68	5,4	1,9	58,11	0,1	0,4
	Valores médios	30,5	5,79	102,76	7,596	5,21	1,28	58,81	0,32	0,94
Piezómetro Nafona F1	maio/junho	29	7,47	209	22,17	34,24	2,49	123,95	2,83	6,22
	setembro/outubro	27,9	6,55	126,3	23,98	52,96	0,57	161,04	2,7	5,1
	dezembro	29,2	7,58	104,1	23,5	30,86	0,48	155,06	2,5	4,7
	Valores médios	28,7	7,2	146,46	23,2167	39,35	1,18	146,68	2,676	5,34
Piezómetro Nafona F2	maio/junho	29,4	6,88	163,5	8,74	29,76	1,72	123,7	1,43	4,17
	setembro/outubro	28	6,8	126,4	26,76	31,28	11,8	201,42	1,2	4,9
	dezembro	29,9	7,53	106,2	2,98	29,26	9,81	154,45	0,8	3,5
	Valores médios	29,1	7,07	132,03	12,82	30,1	7,77	159,85	1,14	4,19
Piezómetro de Gaoua	maio/junho	30,1	6,01	210	0,2	21,92	5,04	152,5	0,24	0,46
	setembro/outubro	27,6	6,2	227	0,73	20,56	2,16	139,202	0,3	0,5
	dezembro	30,6	6,39	340	0,49	23,5	3,1	143,22	1,3	1,5
	Valores médios	29,43	6,2	259	0,47	21,99	3,43	144,97	0,61	0,82
Piezómetro Boromo	maio/junho	30,4	6,92	454	70,01	39,76	11,088	254,492	1,5	0,23
	setembro/outubro	31,8	6,43	524	98,47	46	6,768	220,82	24,9	0,6

Nome dos pontos de água	Período de amostragem	T°C	PH	Condutividade (µS/cm)	Turbidez (NTU)	Cálcio (mg/L)	Magnésio (mg/L)	Bicarbonato (mg/L)	Cloreto (mg/L)	Nitratos (mg/L)
	dezembro	29,8	6,88	489	18,34	38	10,78	250,89	23,8	0,6
	Valores médios	30,67	6,74	489	62,27	41,25	9,54	242,06	16,73	0,47
Perfuração de Navielgane	maio/junho	31,1	6,26	197	0,61	20,48	2,832	142,74	0,23	0,1
	setembro/outubro	30,7	6,16	195,4	0,56	16,8	7,53	120,78	0,2	0,1
	dezembro	30,7	6,2	196	0,66	17,1	7,54	118,9	0,2	0,1
	Valores médios	30,83	6,20	196,1	0,61	18,12	5,96	127,47	0,21	0,1
Piezómetro de Mogtedo	maio/junho	31	7,9	423	38,88	81,28	5,18	295,24	1,16	1,86
	setembro/outubro	30,2	7,04	432	31,19	75,92	7,63	294,75	0,9	4,1
	dezembro	25,8	6,38	492	4,46	95,22	5,45	293,12	0,5	3,8
	Valores médios	29	7,10	449	24,84	84,14	6,087	294,37	0,85	3,25
Piezómetro de silicone	maio/junho	32,2	7,53	230	0,7	20,8	9,216	139,08	85,18	0,25
	setembro/outubro	31,4	5,82	221	37	19,28	9,312	146,034	0,6	3,8
	dezembro	28,5	6,1	168	5,5	15,8	8,32	136,9	0,5	3,6
	Valores médios	30,7	6,48	206,33	14,4	18,62	8,94	140,67	28,76	2,55
Piezómetro Louda	maio/junho	32	8,1	371	30,46	11,6	21,84	313,54	1,67	0,11
	setembro/outubro	32	6,89	279	33,9	34,4	29,28	283,65	1,1	0,1
	dezembro	32,4	6,79	392	1,23	40,98	22,86	291,54	2,05	0,1
	Valores médios	32,1	7,26	347,3	21,86	28,99	24,66	296,243	1,60	0,1
Piezómetro Bassinko	maio/junho	31	8,5	162,3	3,77	19,36	4,08	101,26	55,19	2,01
	setembro/outubro	32,2	7,58	169,97	5,78	17,52	8,68	111,14	1,6	3,3

Nome dos pontos de água	Período de amostragem	T°C	PH	Condutividade (µS/cm)	Turbidez (NTU)	Cálcio (mg/L)	Magnésio (mg/L)	Bicarbonato (mg/L)	Cloreto (mg/L)	Nitratos (mg/L)
	dezembro	27,7	7,55	271	11,68	21,12	6,76	115,19	1,6	2,3
	Valores médios	30,3	7,87	201,09	7,07	19,33	6,50	109,196	19,46333	2,53
Piezómetro de Tibou	maio/junho	31,7	6,94	204	0,35	16,48	5,808	125,904	0,82	4,85
	setembro/outubro	29,1	7,28	308	6,05	26,13	5,52	130,784	1	5
	dezembro	29,5	6,59	294	1,69	19,28	3,024	127,64	0,8	4,5
	Valores médios	30,1	6,93	268,6	2,697	20,63	4,784	128,109	0,87	4,78
Piezómetro Léo	maio/junho	30,9	6,27	251	3,38	22,8	11,568	179,46	0,42	0,14
	setembro/outubro	30,7	6,7	212,6	0,6	16	7,53	138,95	0,4	0,1
	dezembro	29,1	6,3	201	8,47	13	7,12	135,97	0,3	0,05
	Valores médios	30,2	6,42	221,53	4,15	17,26	8,73	151,46	0,37	0,09
Bobo-Dioulasso P14	maio/junho	29,8	5,44	56,2	15	5,21	2,5	65,16	32,11	6,29
	setembro/outubro	31,3	5,83	201	67,42	12,8	0,336	64,66	30,21	7,09
	dezembro	30,9	5,16	82,4	402	6,87	2,16	61,55	27,71	5,79
	Valores médios	30,6	5,47	113,2	161,47	8,29	1,66	63,79	30,01	6,39
Furo de Kari	maio/junho	31,5	7,02	519	9,7	62,88	21,35	326,9	2,5	20,5
	setembro/outubro	30,8	6,85	312	13,73	43,38	20,4	325,12	2,7	17,6
	dezembro	31,5	7,02	292	11,7	45,89	23,52	320,96	2,1	19,12
	Valores médios	31,2	6,96	374,3	11,71	50,71	21,75	324,32	2,43	19,07

Quadro II: Resultados da análise dos sítios de águas subterrâneas (continuação)

Nome dos pontos de água	Período de amostragem	Fosfatos (mg/L)	Sulfatos (mg/L)	Cobre (mg/L)	Zinco (mg/L)	Manganês (mg/L)	Potássio (mg/L)	Sódio (mg/L)
Piezómetro de Niangoloko	maio/junho	0,55	0,23	< 0,05	0,078	0,89	2,15	13,68
	setembro/outubro	0,9	0,2	< 0,05	< 0,05	0,06	1,51	13,1
	dezembro	0,2	0,2	< 0,05	< 0,05	0,04	0,91	10,05
	Valores médios	0,55	0,21	< 0,05		0,33	1,52	12,27
Piezómetro Nafona F1	maio/junho	0,65	6,8	0,111	0,083	0,086	1,972	3,908
	setembro/outubro	0,8	9,3	< 0,05	< 0,05	0,06	< 0,5	< 0,5
	dezembro	0,7	8,6	< 0,05	< 0,05	< 0,05	1,83	5,69
	Valores médios	0,7	8,23					
Piezómetro Nafona F2	maio/junho	0,53	6,21	< 0,05	0,056	0,108	2,306	9,461
	setembro/outubro	0,6	10,3	< 0,05	< 0,05	< 0,05	2,72	18,19
	dezembro	0,5	9,3	< 0,05	< 0,05	< 0,05	1,77	15,9
	Valores médios	0,54	8,60				2,265	14,5
Piezómetro de Gaoua	maio/junho	1,44	0,1	< 0,05	< 0,05	0,055	1,38	21,67
	setembro/outubro	1,9	0,4	< 0,05	< 0,05	< 0,05	1,3	20,17
	dezembro	2,9	1,4	0,05	0,05	0,055	2,3	23,1
	Valores médios	2,08	0,63				1,66	21,64
Piezómetro Boromo	maio/junho	0,33	1,26	< 0,05	< 0,05	0,09	3,6	10,3
	setembro/outubro	1,3	1,2	< 0,05	< 0,05	0,18	12,5	15,15
	dezembro	1,3	1,2	< 0,05	< 0,05	0,19	10,5	16,19
	Valores médios	0,97	1,22			0,15	8,86	13,88

Nome dos pontos de água	Período de amostragem	Fosfatos (mg/L)	Sulfatos (mg/L)	Cobre (mg/L)	Zinco (mg/L)	Manganês (mg/L)	Potássio (mg/L)	Sódio (mg/L)
Furo de Navielgane	maio/junho	1,6	2,17	< 0,05	< 0,05	0,044	2,644	18,33
	setembro/outubro	1,8	2,4	< 0,05	< 0,05	< 0,05	2,58	16,4
	dezembro	1,7	2,5	< 0,05	< 0,05	< 0,05	1,98	19,4
	Valores médios	1,7	2,35				2,40	18,04
Piezómetro de Mogtedo	maio/junho	1,78	0,92	< 0,05	< 0,05	0,093	2,24	11,13
	setembro/outubro	2,3	1,8	< 0,05	< 0,05	0,098	1,67	11,03
	dezembro	2,1	1,5	< 0,05	< 0,05	< 0,05	0,97	10,81
	Valores médios	2,06	1,40				1,62	10,99
Piezómetro de silicone	maio/junho	1	8,91	< 0,05	< 0,05	0,052	4,782	13,8
	setembro/outubro	1,4	1,6	< 0,05	< 0,05	0,07	4,5	12,58
	dezembro	1,3	1,5	< 0,05	< 0,05	0,05	4,12	11,55
	Valores médios	1,23	4,			0,05	4,46	12,64
Piezómetro Louda	maio/junho	1,85	3,9	< 0,05	0,051	1,365	4,103	22,43
	setembro/outubro	2,1	0,6	< 0,05	< 0,05	1,03	3,53	18,08
	dezembro	2,1	0,9	< 0,05	< 0,05	1,9	3,9	17,9
	Valores médios	2,01	1,8			1,43	3,84	19,47
Piezómetro Bassinko	maio/junho	0,58	16,95	< 0,05	< 0,05	0,048	2,393	9,431
	setembro/outubro	0,8	1	< 0,05	< 0,05	< 0,05	2,1	9,07
	dezembro	0,7	1,08	< 0,05	< 0,05	< 0,05	2,1	9,7
	Valores médios	0,69	6,34				2,19	9,40
Piezómetro de Tibou	maio/junho	0,23	2,37	< 0,05	< 0,05	0,07	0,8	17,3

Nome dos pontos de água	Período de amostragem	Fosfatos (mg/L)	Sulfatos (mg/L)	Cobre (mg/L)	Zinco (mg/L)	Manganês (mg/L)	Potássio (mg/L)	Sódio (mg/L)
	setembro/outubro	0,8	2,7	< 0,05	< 0,05	0,05	1,88	29,31
	dezembro	0,56	1,97	< 0,05	< 0,05	0,05	2,87	28,06
	Valores médios	0,53	2,34			0,05	1,85	24,89
Piezómetro Léo	maio/junho	0,9	1,92	< 0,05	< 0,05	0,14	14,5	14,4
	setembro/outubro	1,4	0,5	< 0,05	< 0,05	0,12	4,96	14,26
	dezembro	0,4	0,5	< 0,05	< 0,05	0,11	4,65	13,98
	Valores médios	0,9	0,97			0,12	8,03	14,21
Bobo Dioulasso P14	maio/junho	0,4	2,47	0,05	2,1	0,36	6,05	19,07
	setembro/outubro	0,5	3,17	0,05	2,2	0,41	5,21	15,11
	dezembro	0,46	2,92	0,05	2,4	0,38	7,94	13,08
	Valores médios	0,45	2,85	0,05	2,23	0,38	6,4	15,75
Furo de Kari	maio/junho	2,1	3,1	< 0,05	< 0,05	0,05	0,85	24,08
	setembro/outubro	1,9	2,8	< 0,05	< 0,05	0,06	0,57	25,48
	dezembro	1,5	2,5	< 0,05	< 0,05	0,05	0,83	26,45
	Valores médios	1,83	2,8			0,05	0,75	25,33

Quadro III: Resultados da análise dos sítios de águas superficiais estudados

Nome dos pontos de água	Período de amostragem	T°C	pH	Condutividade (µS/cm)	Turbidez (NTU)	Cálcio (mg/L)	Magnésio (mg/L)	Bicarbonato (mg/L)	Cloreto (mg/L)
Barragem de Douna	maio/junho	28,7	7,11	31,6	37,25	2,88	1,92	21,106	0,5
	setembro/outubro	29,9	6,6	25,7	37,48	2,68	0,048	24,4	0,7
	dezembro	28,5	7,15	31,4	37,62	3,12	0,92	23,11	0,7
	Valores médios	29,03	6,95	29,56	37,45	2,89	0,96	22,87	0,63
Diarabakoko	maio/junho	27,9	6,63	48,4	444,2	4,88	0,912	21,96	2,4
	setembro/outubro	26,5	6,72	64,9	21,7	11,7	3,16	42,7	5,86
	dezembro	27,8	6,6	97,9	69,21	10,87	2,91	38,95	5,41
	Valores médios	27,4	6,65	70,4	178,37	9,15	2,32	34,53	4,55
Bougouriba	maio/junho	27,4	6,85	38,3	617,5	18,32	20,496	258,27	0,9
	setembro/outubro	29,4	6,93	87,6	37,85	4,48	1,968	39,04	1,48
	dezembro	27,5	6,81	56,7	109,1	7,32	3,42	58,24	2,55
	Valores médios	28,1	6,86	60,86	254,81	10,04	8,628	118,51	1,64
Mouhoun Boromo	maio/junho	26,5	6,75	39,7	1058	2,4	2,832	14,152	0,6
	setembro/outubro	31,1	6,93	70	159	17,12	8,35	104,68	1,48
	dezembro	24,3	6,77	127,1	111,2	12,48	7,64	101,16	0,98
	Valores médios	27,3	6,81	78,93	442,7333	10,66	6,274	73,33	1,02
Fora	maio/junho	25,9	6,94	28,5	594,4	4,24	3,88	39,894	0,8
	setembro/outubro	28,3	6,08	50,9	297,3	8,24	1,79	54,9	2,24
	dezembro	22,9	6,91	93,9	719,3	5,28	4,89	39,894	1,84

Nome dos pontos de água	Período de amostragem	T°C	pH	Condutividade (µS/cm)	Turbidez (NTU)	Cálcio (mg/L)	Magnésio (mg/L)	Bicarbonato (mg/L)	Cloreto (mg/L)
	Valores médios	25,7	6,64	57,76	537	5,92	3,52	44,896	1,62
Barragem n.º 2	maio/junho	30,6	7,68	161,6	800,4	17,28	5,424	68,686	9,3
	setembro/outubro	28,9	8,79	404	56,33	45,52	3,36	161,04	2,64
	dezembro	24,9	6,8	419	113,8	43,2	3,23	159,64	1,53
	Valores médios	28,13	7,75	328,2	323,51	35,33	4,	129,78	4,49
Barragem no. 3	maio/junho	28,7	7,71	294	224,4	21,92	4,32	116,876	29,7
	setembro/outubro	28,1	8,9	526	77,5	56,96	1,008	211,06	2,12
	dezembro	25,1	6,98	397	61,82	48,52	1,005	197,85	2,07
	Valores médios	27,3	7,86	405,6	121,24	42,46	2,111	175,262	11,29
Nazinon para Ziou	maio/junho	26,7	7,68	32,4	692,8	14,8	0,384	18,422	0,5
	setembro/outubro	29,7	8,18	11,9	122,1	12,32	5,52	75,64	1,3
	dezembro	28,6	7,9	12,88	118,2	10,34	4,91	55,22	0,65
	Valores médios	28,3	7,92	19,06	311,03	12,48	3,60	49,76	0,816
Wayen	maio/junho	28,1	8,4	66,1	870,3	6,72	3,792	35,014	1
	setembro/outubro	28,2	8,2	76,5	56,31	8,8	13,392	47,58	2,3
	dezembro	25,8	8,3	83,2	255,9	10,22	2,82	28,45	1,98
	Valores médios	27,3	8,3	75,2	394,17	8,58	6,668	37,01	1,76
Barragem de Loumbila	maio/junho	27,2	7,89	82,2	257,8	10	7,008	58,072	1,3
	setembro/outubro	34,6	7,95	56,1	458,1	4,72	3,072	25,62	0,78
	dezembro	24,5	6,86	71,3	257,8	9,1	4,56	49,12	1,15

Nome dos pontos de água	Período de amostragem	T°C	pH	Condutividade (µS/cm)	Turbidez (NTU)	Cálcio (mg/L)	Magnésio (mg/L)	Bicarbonato (mg/L)	Cloreto (mg/L)
	Valores médios	28,7	7,56	69,8	324,56	7,94	4,88	44,27	1,07
Bissiga	maio/junho	26,8	8,17	23,3	1100	5,44	4,272	25,254	0,3
	setembro/outubro	32,6	7,58	80,1	280	7,84	5,376	50,02	1,77
	dezembro	25,4	6,89	103,1	112,7	6,45	3,27	24,4	1,3
	Valores médios	28,2	7,54	68,8	497,56	6,57	4,306	33,22	1,12
Barragem de Bagré	maio/junho	27,2	7,4	79,6	327	8,64	7,536	41,968	1,9
	setembro/outubro	25,4	6,89	103,1	112,7	5,44	4,272	25,254	0,3
	dezembro	25,8	6,97	62,72	272,7	9,55	8,56	45,64	2,5
	Valores médios	26,1	7,08	81,80	237,46	7,87	6,78	37,62	1,56
Barragem de Goinré	maio/junho	26	7,3	62,1	1100	7,28	4,416	26,23	1,3
	setembro/outubro	28,1	8,51	55,7	301,2	28,48	9,408	32,94	1,18
	dezembro	28,6	6,74	74,9	16,03	57,25	3,45	16,33	0,4
	Valores médios	27,5	7,51	64,23	472,41	31	5,758	25,16	0,96
Neboun	maio/junho	28,7	7,12	301	535,8	10,56	3,65	61,37	0,8
	setembro/outubro	23	7,3	67,6	166,2	8,65	1,65	51,26	1,5
	dezembro	21,4	6,9	65,8	190,2	7,93	2,85	55,36	1,8
	Valores médios	24,3	7,10	144,8	297,4	9,04	2,71	55,99	1,366

Quadro IV: Resultados da análise dos sítios de águas superficiais (continuação)

Nome dos pontos de água	Período de amostragem	Nitrato (mg/L)	Fosfato (mg/L)	Sulfato (mg/L)	Potássio (mg/L)	Sódio (mg/L)	Manganês (mg/L)	Cobre (mg/L)	Zinco (mg/L)
Barragem de Douna	maio/junho	0,1	0,2	0,2	2,7	< 0,5	< 0,05	< 0,05	< 0,05
	setembro/outubro	0,43	0,13	0,21	1,83	0,055	0,077	< 0,05	< 0,05
	dezembro	0,38	0,18	0,19	2,23	< 0,5	< 0,068	< 0,05	< 0,05
	Valores médios	0,30	0,17	0,2	2,25				
Diarabakoko	maio/junho	2,3	0,3	1,2	3,35	1,28	0,05	< 0,05	< 0,05
	setembro/outubro	2,41	0,24	0,46	3,87	2,62	0,18	< 0,05	0,1
	dezembro	2,37	0,36	0,56	3,75	2,38	0,15	< 0,05	< 0,05
	Valores médios	2,36	0,3	0,74	3,65	2,09	0,12		
Bougouriba	maio/junho	2	0,2	0,8	3,37	0,88	0,241	< 0,05	< 0,05
	setembro/outubro	1,27	0,19	0,3	2,86	3,725	0,059	< 0,05	< 0,05
	dezembro	1,51	0,21	0,5	2,97	2,98	0,15	< 0,05	< 0,05
	Valores médios	1,59	0,2	0,53	3,06	2,52	0,15		
Mouhoun Boromo	maio/junho	1,3	0,2	0,9	3,12	< 0,5	0,2	< 0,05	< 0,05
	setembro/outubro	0,67	0,36	2,12	3,08	< 0,5	0,21	< 0,05	< 0,05
	dezembro	1,11	0,28	2,09	3,05	< 0,5	0,26	< 0,05	< 0,05
	Valores médios	1,02	0,28	1,70	3,08		0,22		
Fora	maio/junho	3	0,2	1,2	2,89	< 0,5	0,103	< 0,05	< 0,05
	setembro/outubro	0,3	0,29	0,24	4,159	3,944	0,192	< 0,05	< 0,05

Nome dos pontos de água	Período de amostragem	Nitrato (mg/L)	Fosfato (mg/L)	Sulfato (mg/L)	Potássio (mg/L)	Sódio (mg/L)	Manganês (mg/L)	Cobre (mg/L)	Zinco (mg/L)
	dezembro	4,11	0,36	1,43	3,94	< 0,5	0,15	< 0,05	< 0,05
	Valores médios	2,47	0,28	0,95	3,66		0,1483		
Barragem n.º 2	maio/junho	1,4	0,1	19,4	8,68	7,95	0,367	< 0,05	0,399
	setembro/outubro	0,1	0,23	0,6	20,35	6,744	0,285	< 0,05	< 0,05
	dezembro	0,08	0,2	0,5	19,25	5,91	0,19	< 0,05	0,399
	Valores médios	0,526667	0,176	6,83	16,09	6,86	0,28		
Barragem no. 3	maio/junho	1,5	0,2	45,4	15,1	27,2	0,14	< 0,05	< 0,05
	setembro/outubro	2,47	0,7	0,99	19,87	79,42	0,42	< 0,05	< 0,05
	dezembro	2,3	0,21	1,04	18,15	65,42	0,34	< 0,05	< 0,05
	Valores médios	2,09	0,37	15,81	17,70	57,34	0,3		
Nazinon para Ziou	maio/junho	1,6	0,1	1,8	3,88	0,62	0,329	< 0,05	< 0,05
	setembro/outubro	1,26	0,37	0,61	4,132	5,237	0,202	< 0,05	< 0,05
	dezembro	1,16	0,21	0,58	3,9	3,85	0,11	< 0,05	< 0,05
	Valores médios	1,34	0,22	0,99	3,97	3,23	0,21		
Wayen	maio/junho	2	0,1	3,8	4,6	1,04	0,152	< 0,05	< 0,05
	setembro/outubro	1,05	0,18	0,61	4,17	1,305	0,088	< 0,05	< 0,05
	dezembro	2,1	0,21	0,81	3,6	0,04	0,16	< 0,05	< 0,05
	Valores médios	1,71	0,16	1,74	4,12	0,795	0,13		
Barragem de Loumbila	maio/junho	1,7	0,1	2,4	6,95	1,74	0,123	< 0,05	< 0,05
	setembro/outubro	0,69	0,14	0,4	2,75	0,17	0,05	< 0,05	< 0,05

Nome dos pontos de água	Período de amostragem	Nitrato (mg/L)	Fosfato (mg/L)	Sulfato (mg/L)	Potássio (mg/L)	Sódio (mg/L)	Manganês (mg/L)	Cobre (mg/L)	Zinco (mg/L)
	dezembro	0,75	0,11	0,6	4,87	1,24	0,11	< 0,05	< 0,05
	Valores médios	1,04	0,11	1,13	4,85	1,05	0,09		
Bissiga	maio/junho	2,6	0,1	1,7	2,7	< 0,5	0,3	< 0,05	< 0,05
	setembro/outubro	0,79	0,26	0,53	4,83	1,291	0,073	< 0,05	< 0,05
	dezembro	0,6	0,11	0,7	3,78	0,5	0,3	0,05	< 0,05
	Valores médios	1,33	0,15	0,97	3,77		0,22		
Barragem de Bagré	maio/junho	2,1	0,1	5,4	4,54	2,87	0,129	< 0,05	< 0,05
	setembro/outubro	2,6	0,1	1,7	2,7	< 0,5	0,3	< 0,05	< 0,05
	dezembro	2,9	0,1	4,5	5,14	3,8	0,22	< 0,05	< 0,05
	Valores médios	2,53	0,1	3,86	4,126		0,216		
Barragem de Goinré	maio/junho	9,1	0,3	2,6	5,5	0,64	0,197	< 0,05	< 0,05
	setembro/Outubro2 ,18	0,17	1,12	2,95	1,493	0,077	< 0,05	< 0,05	
	dezembro	1,2	0,2	1,6	1,5	0,67	< 0,05	< 0,05	< 0,05
	Valores médios	4,16	0,22	1,77	3,31	0,93			
Neboun	maio/junho	3,2	0,1	0,7	2,8	1,1	< 0,05	< 0,05	< 0,05
	setembro/outubro	0,9	0,1	0,1	2	4,7	0,057	< 0,05	< 0,05
	dezembro	1,1	0,1	0,5	3,1	3,7	0,05	< 0,05	< 0,05
	Valores médios	1,73	0,1	0,43	2,63	3,16			

II.3. Controlo da qualidade dos resultados dos ensaios

Os equilíbrios iónicos foram determinados para todos os dados, a fim de avaliar a sua aceitabilidade. O equilíbrio iónico é a relação entre a soma dos catiões menos a soma dos aniões e a soma dos catiões e dos aniões. É expresso da seguinte forma:

$$BI(\%) = \frac{\Sigma cations - \Sigma anions}{\Sigma cations + \Sigma anions} X\,100$$

Com :

Catiões: soma dos catiões ($Ca2+$; $Mg2+$; $Na+$; $K+$; $Fe2+$ e $Mn2+$) em meq/L

Σaniões: soma dos aniões ($HCO3-$; $SO42-$; $NO3-$ e $Cl-$) em meq/L

Regra geral, os resultados das análises são considerados da seguinte forma:

-1%<BI<1% : Excelente fiabilidade ;

-5%<BI<5% : Fiabilidade aceitável ;

-10%<BI<10%: Baixa fiabilidade ;

-BI < -10% ou BI>10%: Baixa fiabilidade.

Se o valor do saldo for da ordem dos 5%, as análises são consideradas aceitáveis.

No âmbito do controlo de 2023, 80% das análises são de qualidade aceitável.

III. TRATAMENTO E INTERPRETAÇÃO DOS RESULTADOS

III.1. Características hidroquímicas da água das superfícies

III.1.1. Variáveis físico-químicas tradicionais (temperatura, pH, condutividade, turbidez, alcalinidade)

III.1.1.1. Temperatura

A temperatura da água desempenha um papel importante na solubilidade dos sais e do oxigénio, que são necessários para o equilíbrio da vida aquática. O valor da temperatura da água é geralmente influenciado pela temperatura ambiente, mas também por eventuais descargas. As temperaturas registadas variaram entre 21,4°C (em Neboun em dezembro) e 34,6°C (na barragem de Loumbila em outubro **(Figura 2)**. As temperaturas baixaram em dezembro devido ao tempo mais frio nesta altura do ano.

III.1.1.2. pH

O pH é uma medida da acidez da água, ou seja, a concentração de iões H^+. Na prática, a escala de pH varia de 0 (muito ácido) a 14 (muito alcalino). O valor mediano de 7 corresponde a uma solução neutra a 25°C. O pH da água natural pode variar entre 4 e 10, dependendo da natureza ácida ou básica do solo através do qual flui. Os níveis baixos de pH (águas ácidas) aumentam o risco de presença de metais na água, enquanto os níveis elevados de pH aumentam as concentrações de amoníaco, que é tóxico para os peixes. Para as três campanhas, os dados de pH mostram que as águas de superfície são ligeiramente neutras a alcalinas, com valores de pH entre 6,08 e 8,9 **(Figura 3)**.

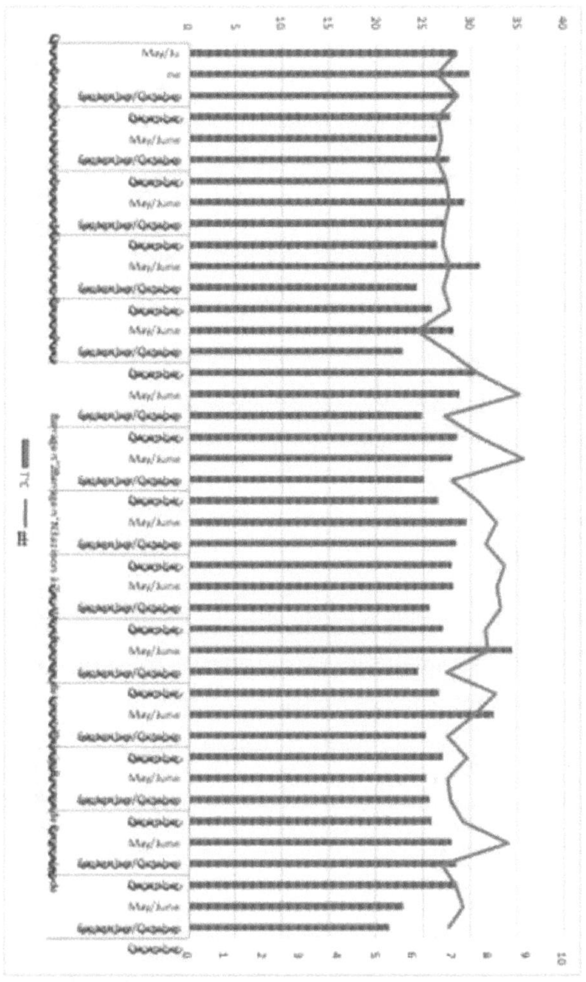

Figura 4: Variações espácio-temporais da temperatura e do pH das águas superficiais estudadas

III.1.1.3. Condutividade

A condutividade eléctrica é uma expressão numérica da capacidade de uma solução conduzir corrente eléctrica. Está intimamente ligada à concentração de minerais dissolvidos na água. As alterações da condutividade de uma massa de água podem revelar sinais de poluição doméstica ou agrícola. Os valores de condutividade registados variam entre 11,9 µS/cm (em Ziou em setembro) e 526 µS/cm (na Barragem N°3 em setembro) **(Figura 3)**. A amplitude da variação é maior durante os períodos de águas baixas. Isto reflecte a elevada mineralização da água devido à evaporação durante os períodos de águas baixas e a baixa mineralização devido ao escoamento durante a estação das chuvas.

III.1.1.4. Turbidez

Pode ser avaliada pela transparência da água. A turvação é um fator limitante da fotossíntese e portanto da produção, exceto quando é devida à própria produção (fitoplâncton primário). É devida à presença de partículas em suspensão na água, que podem ser de origem orgânica ou mineral. A turvação da água depende da natureza do terreno que atravessa, da estação do ano, da precipitação, do regime de escoamento da água e da natureza da descarga. O valor mais baixo de turvação foi registado em dezembro na barragem de Goinré em Ouahigouya (16,03 NTU), enquanto que o valor mais elevado foi registado em Bissiga no centro-norte e na barragem de Goinré em junho (1.100 NTU) **(Figura 3)**. Os valores mais elevados foram igualmente registados durante a campanha de maio/junho no rio Mouhoun em Boromo (1058 NTU), na ponte de Wayen (870 NTU) e na barragem N°2 em Ouagadougou (800,4 NTU) **(Figura 3)**. O carácter muito turvo das águas de superfície em junho deve-se à presença de uma grande quantidade de matéria em suspensão proveniente do escoamento das águas pluviais.

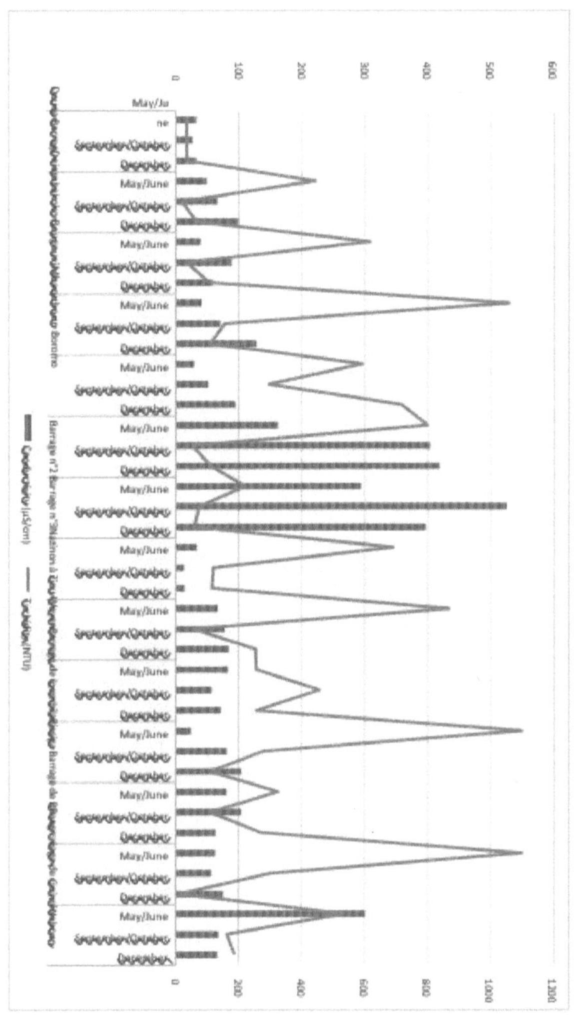

Figura 5: Variação espácio-temporal da condutividade e da turbidez nas águas superficiais estudadas

III.1.1.5. Alcalinidade

A figura 4 mostra as variações espaciais dos resultados obtidos nas análises dos títulos de cálcio (TCa) e de magnésio (TMg) e dos bicarbonatos (HCO3-) das águas superficiais estudadas. Estes resultados mostram uma correlação, em maior ou menor grau, entre os valores de HCO3- e os valores de aPTT e MGT. Os níveis de HCO3 nas águas de superfície estão em conformidade com os valores-guia da OMS de 2017 de 500 mg/L. Do mesmo modo, os valores de cálcio e de magnésio estão em conformidade com os valores-guia da OMS, que são respetivamente 75 mg/L e 50 mg/L, e com os valores-guia nacionais.

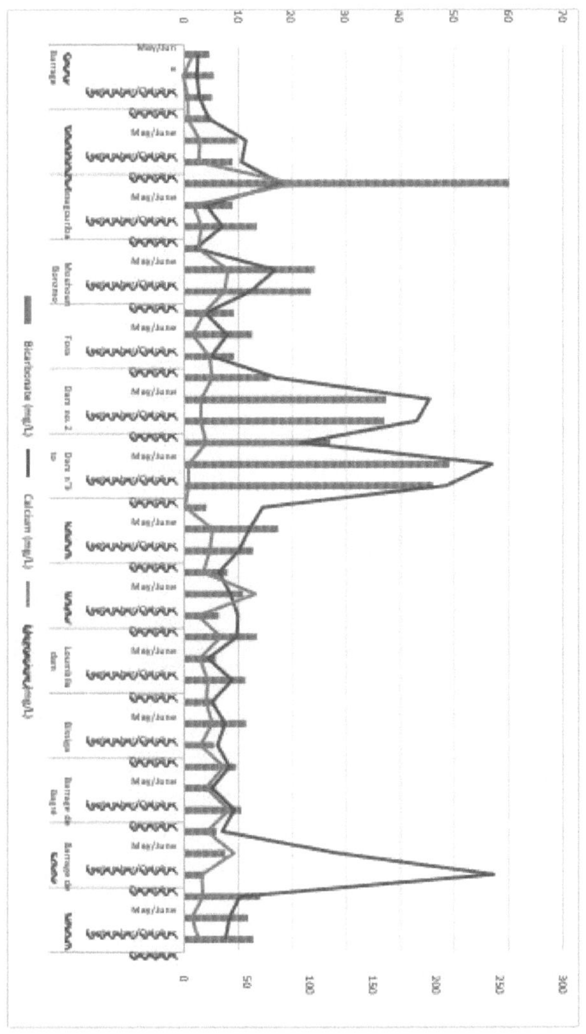

Figura 6: Variação espácio-temporal do teor de iões bicarbonato, cálcio e magnésio nas águas superficiais estudadas.

III.1.2. Teor de iões principais

A mineralização da maior parte da água é dominada por oito iões, normalmente conhecidos como iões principais. Estes são os catiões: cálcio, magnésio, sódio e potássio, e os aniões: cloreto, sulfato, nitrato e bicarbonato.

Os iões variam naturalmente muito nas águas superficiais e subterrâneas devido às condições geológicas, climáticas e geográficas.

- O conhecimento das concentrações de sódio (Na+) é de particular interesse quando a água é utilizada para consumo ou irrigação.

- As concentrações de potássio (K+) são geralmente muito baixas, exceto nas águas salgadas ou termais, ou quando estão poluídas por fertilizantes inorgânicos ou efluentes industriais.

- Os níveis de cloreto (Cl-) são geralmente baixos nas águas superficiais, mas podem aumentar devido à deposição de aerossóis oceânicos, efluentes industriais e de águas residuais e lixiviação.

- As descargas industriais e a precipitação atmosférica podem aumentar significativamente os níveis naturais de sulfatos (SO42-) nas águas superficiais. Concentrações elevadas (> 400 mg. l-1) podem tornar a água intragável. Algumas bactérias utilizam o sulfato como fonte de oxigénio e convertem-no em sulfureto de hidrogénio (H2S) em condições anaeróbias. O sulfureto de hidrogénio é um gás incolor com um cheiro desagradável a ovos podres, que é frequentemente indicativo da presença de condições anaeróbias. No meio aquático, os principais nutrientes são os compostos de azoto e de fósforo. Os compostos de azoto provêm da drenagem do solo e dos detritos vegetais e animais. Os compostos de fósforo provêm principalmente da decomposição da matéria orgânica.

III.1.2.1. Cloretos

A presença de cloretos na água pode resultar da intrusão marinha, da dissolução de evaporitos ou da alteração de minerais nas rochas circundantes. Pode também provir de fontes antropogénicas. Os teores de cloretos medidos foram mais ou menos idênticos nas três campanhas. No entanto, foram observadas concentrações elevadas de cloreto da ordem de 9,3 mg/l e 29,7 mg/l respetivamente nas barragens N°2 e N°3 em Ouagadougou no mês de junho **(Figura 7)**. Este facto pode ser explicado pelas descargas poluentes da cidade, que são a fonte de entrada de cloretos nas barragens no início da estação das chuvas.

III.1.2.2. Nitratos

Os nitratos são formas de azoto que ocorrem naturalmente no ambiente. O nitrato é essencial para o crescimento das plantas e está presente em todos os vegetais e cereais. É normalmente utilizado em fertilizantes.

As fontes mais comuns de nitratos na água são :

- Adubos químicos utilizados para melhorar o crescimento das culturas;

- Resíduos animais provenientes de celeiros e locais de armazenamento de estrume;

- Resíduos de origem humana provenientes de campos sépticos, fossas sépticas ou tanques de retenção com fugas;

Os nitratos são encontrados nas águas superficiais em níveis mais elevados em maio. /junho em comparação com os períodos de setembro/outubro e dezembro. Os níveis de nitratos variam entre 0,1 e 9,1 mg/L durante as três estações. O aumento dos níveis de nitratos em maio pode ser explicado pelo escoamento das águas pluviais no início da estação. O valor elevado de 9,1 mg/L **(figura 8)** foi observado na barragem de Goinré em maio/junho. Pensa-se que este valor elevado se deve à utilização de fertilizantes nas práticas agrícolas e à agricultura de regadio numa zona urbanizada em torno da barragem.

III.1.2.3. Sulfatos

Os níveis de sulfato foram relativamente baixos nos três anos. No entanto, foram registados valores elevados nas barragens N°2 e N°3 com valores de 19,4mg/L e 45,4mg/L respetivamente em junho **(Figura 9)**. Este facto pode ser explicado pelas descargas de poluentes da cidade provenientes das culturas de hortas, que são a fonte de entrada de sulfato nas barragens no início da estação.

III.1.2.4. Fosfatos

Os níveis de fosfato nas águas superficiais foram baixos durante os três estudos, variando de 0,1 mg/L em maio a 0,7 mg/L em setembro **(Figura 10)**. No entanto, o valor mais elevado foi observado na barragem N°3 de Ouagadougou com 0,7 mg/L.

III.1.2.5. Sódio

O sódio é um elemento constante na água. No entanto, as concentrações podem ser extremamente variáveis, desde algumas dezenas de miligramas até 500 mg/L e mesmo superiores. Para além da lixiviação das formações geológicas que contêm cloreto de sódio, este sal pode provir da decomposição de sais minerais como os silicatos de sódio e de alumínio. Os teores de sódio foram mais ou menos os mesmos durante os três estudos, mas foram observados valores muito elevados de cerca de 27,2 mg/L em junho, 79,42 mg/L em setembro e 65,42 mg/L em dezembro na barragem N°3 de Uagadugu **(quadro IV)**. O máximo é observado durante os períodos de águas altas, o que pode ser explicado pela contribuição das descargas poluentes da cidade através do escoamento das águas pluviais.

III.1.2.6. Potássio

O potássio é menos abundante que o sódio. Raramente está presente em níveis superiores a 20 mg/L em águas naturais, estando frequentemente presente em rochas e solos. Pode também provir da meteorização e da erosão de minerais que contêm potássio, como o feldspato, e da lixiviação de solos que contêm fertilizantes. As concentrações de potássio variaram entre 1,5 mg/L e 20,4 mg/L **(Quadro IV)** durante as três campanhas. As concentrações mais elevadas foram observadas nas barragens N°2 e N°3 em Ouagadougou, com valores de :

- 8,68 mg/L em junho, 20,35 mg/L em setembro e 19,25 em dezembro para a barragem n.° 2

-15,1 mg/L em junho, 19,87 mg/L em setembro e 18,15 em dezembro na barragem N°3 (Quadro IV).

Estes valores elevados podem ser explicados pela contribuição das descargas poluentes da cidade de Ouagadougou através do escoamento das águas pluviais.

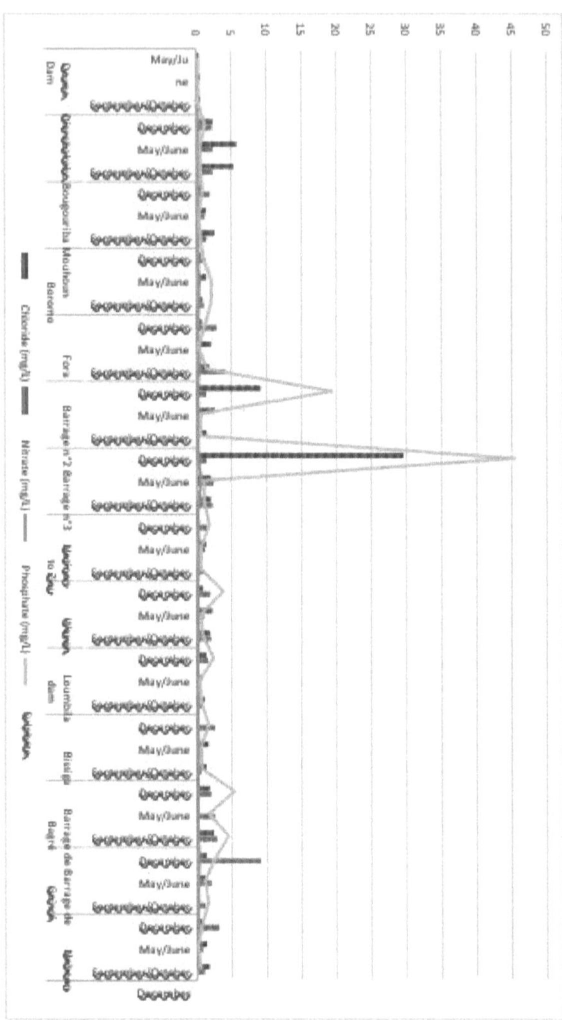

Figura 11: Variação espácio-periódica dos iões cloreto, nitrato, fosfato e sulfato nas águas superficiais estudadas

III.1.3. Teor de metais pesados nas águas de superfície

A monitorização das concentrações de metais pesados (densidade > 5 g/cm3) é particularmente importante dada a sua toxicidade e capacidade de bioacumulação ao longo das cadeias alimentares. Ao contrário dos poluentes orgânicos, os metais não podem ser degradados biológica ou quimicamente. Os vestígios de metais estão sempre presentes na água doce devido à meteorização das rochas e do solo. Outras fontes de metais pesados são as descargas de águas residuais e a exploração mineira. A capacidade de uma massa de água suportar a vida aquática depende da disponibilidade de oligoelementos, nomeadamente manganês (Mn) e zinco (Zn), mas em concentrações elevadas esses elementos podem ser tóxicos para os seres humanos e outras formas de vida. A presença de metais pesados na água é caraterística de certos tipos de poluição devidos a descargas industriais, mineiras, de curtumes ou de tinturarias. As concentrações de cobre, zinco e manganês são praticamente nulas, uma vez que a maioria dos valores é inferior ao limite de deteção do instrumento de 0,05mg/L (**tabela IV**).

Para as águas de superfície estudadas, registou-se uma ausência total de cobre e zinco durante as três campanhas. Um teor máximo de 0,41 mg/L foi observado em junho na barragem N°3 de Ouagadougou (**quadro IV**). Este valor pode ser explicado pelo fenómeno de evaporação, que reduz a quantidade de água na estrutura e aumenta o teor dos diferentes elementos químicos. A origem do manganês nas águas de superfície pode ser o resultado do transporte de águas pluviais de resíduos domésticos e industriais.

III.2. Características hidroquímicas das águas subterrâneas

III.2.1 Variáveis físico-químicas tradicionais (temperatura, pH, condutividade, turbidez, alcalinidade)

III.2.1.1. Temperatura

As temperaturas das águas subterrâneas variaram entre 25,8°C e 32,4°C ao longo das três campanhas **(Figura 12)**. Os valores foram mais ou menos os mesmos nos três períodos.

III.2.1.2. pH

Os valores observados mostram que a maioria dos valores de pH das águas subterrâneas estão próximos do neutro. O pH varia de 5,16 a 8,5 **(Figura 13)**. A maioria dos valores de pH não excede o padrão da OMS para águas subterrâneas (5,5 ≤ pH ≤ 8). No entanto, foram observados valores de pH básicos nos piezómetros de Louda e Bassinko, com valores de 8,1 e 8,5 respetivamente. Estes valores elevados de pH podem ser explicados pela natureza do lençol freático.

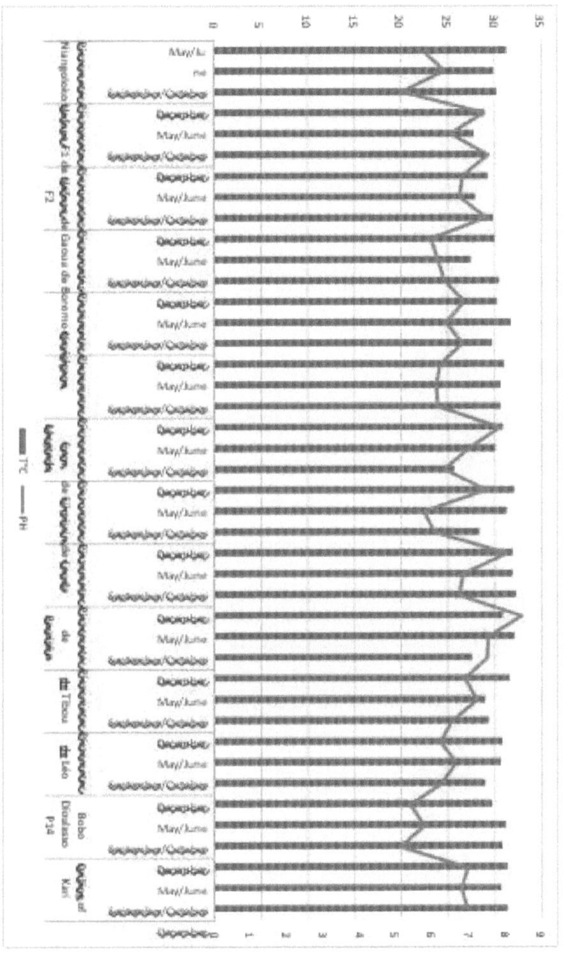

Figura 14: Variações espácio-temporais da temperatura e do pH das águas subterrâneas estudadas

III.2.1.3. Condutividade

A condutividade eléctrica (CE) é uma medida da capacidade de uma solução aquosa conduzir uma corrente eléctrica, que depende da concentração de iões na solução. É sensível a variações na matéria dissolvida, principalmente sais minerais, e pode ser útil para caraterizar a qualidade da água.

A condutividade reflecte a mineralização total da água (BAWAR, 2022).

- 50 a 400 µS/cm: excelentes qualidades,

- 400 a 750 µS/cm: boa qualidade,

- 750 a 1500 µS/cm: água de má qualidade mas utilizável,

- A partir de 1500 µS/cm: mineralização excessiva.

As condutividades das águas subterrâneas variaram entre 56,2µS/cm e 524µS/cm. **(Figura 7)** O valor mais baixo registado foi no piezómetro de Bobo, enquanto o mais alto foi no piezómetro de Boromo. No geral, estes valores estão de acordo com os valores-guia de condutividade natural. A maioria das águas subterrâneas tem, portanto, uma condutividade entre 50 e 400 µS/cm. Isto indica que a água é de boa qualidade.

III.2.1.4. Turbidez

Os valores de turvação variaram entre 0,2 e 402 NTU durante os três estudos **(Figura 7)**. Verificou-se um aumento da turvação durante a estação seca, o que pode ser explicado pela descida do nível freático. O valor mais elevado foi registado no piezómetro P14 do Bobo, que se encontra a mais de 80 metros de profundidade. Este valor extremo pode ser devido à natureza do lençol freático com uma onda de infiltração de água da bacia hidrográfica subterrânea.

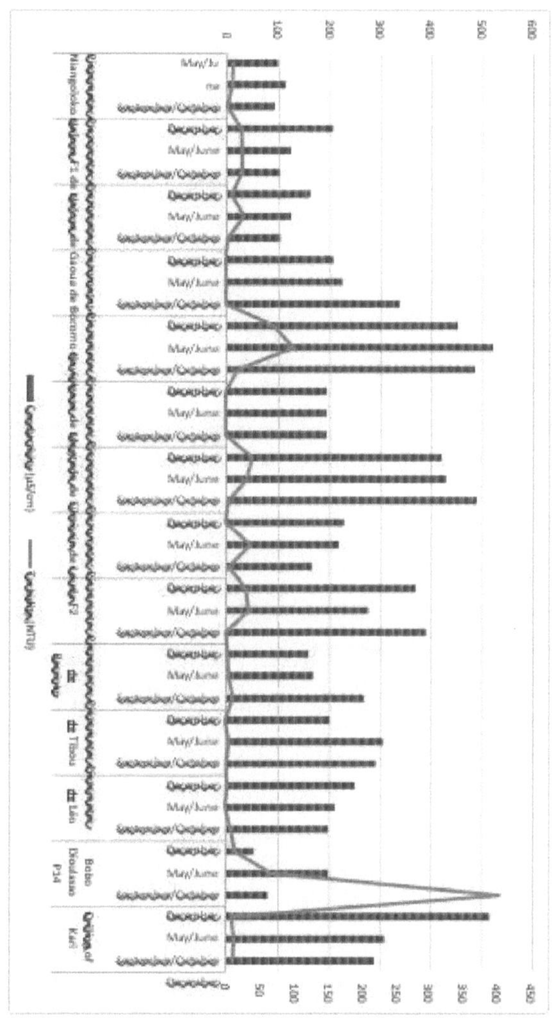

Figura 15: Variações espácio-temporais da turbidez e da condutividade das águas subterrâneas estudadas

III.2.1.5. Alcalinidade

A alcalinidade é uma medida da capacidade da água para neutralizar os ácidos. O poder neutralizante da água é atribuído principalmente à presença de iões de bicarbonato na água. A dureza refere-se ao teor de cálcio e magnésio da água. O cálcio (Ca2+) é um elemento essencial para os organismos vivos e é incorporado nos ossos e nas conchas dos invertebrados. O cálcio pode precipitar-se da água quando há uma queda nos níveis de dióxido de carbono, por exemplo devido à atividade fotossintética. O magnésio (Mg2+) está presente na água natural e contribui para a dureza, juntamente com o cálcio. Os níveis naturais raramente são influenciados de forma significativa pelos efluentes industriais.

A Figura 8 mostra uma correlação entre os valores de cálcio, magnésio e bicarbonato das águas subterrâneas estudadas. Os valores elevados destes iões indicam uma qualidade mais ou menos boa das águas subterrâneas. Em geral, os níveis de HCO3 nas águas subterrâneas estudadas estavam em conformidade com o guia da OMS de 2017, que é de 500 mg/L **(Figura 8).**

Do mesmo modo, a maioria dos níveis de cálcio e magnésio cumprem os valores-guia da OMS de 75 mg/L e 50 mg/L, respetivamente. Este facto indica que a dureza total está conforme **(figura 8).** No entanto, foram observados valores mais elevados ou mais baixos destes iões de cálcio na água do furo de Kari (valor médio de 50,71 mg/L) e no piezómetro de Mogtedo (valor médio de 84,14 mg/L). Este facto pode dever-se à natureza do aquífero atravessado. A instabilidade do equilíbrio destas águas pode ser devida à atividade mineira nestas zonas.

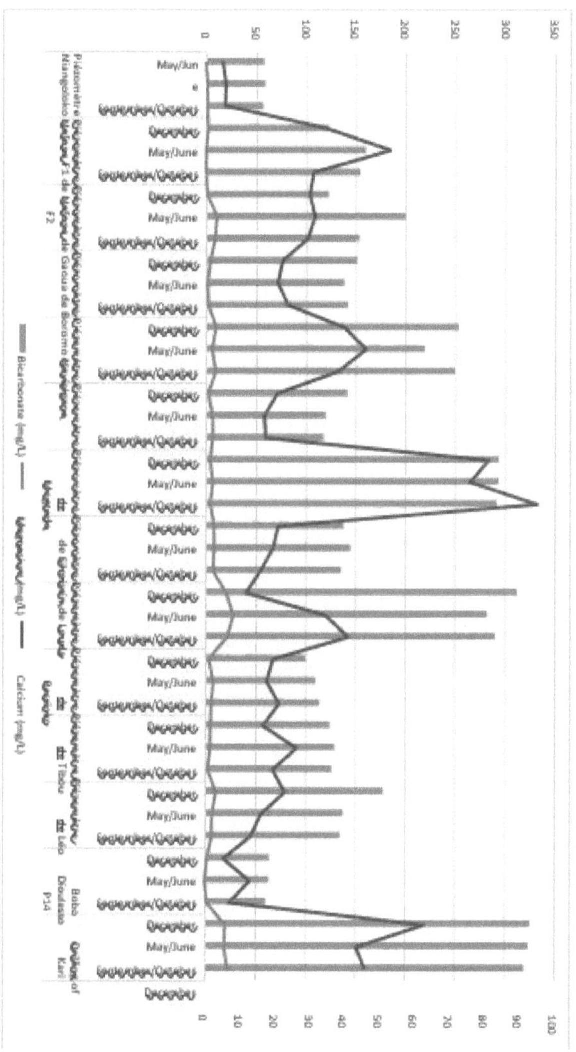

Figura 16: Variação espácio-periódica do teor de iões bicarbonato, magnésio e cálcio nas águas subterrâneas estudadas

III.2.2. Níveis de outros iões importantes nas águas subterrâneas

III.2.2. 1.cloretos

As concentrações de cloretos variaram entre 0,1 e 85,2mg/L ao longo das três campanhas. O valor máximo foi observado no piezómetro de Silmissin, com um nível de 85,2mg/L **(Figura 9)**. Os valores de cloretos registados estão em conformidade com a norma de água potável de 250mg/L.

III.2.2.2. Nitratos

Os nitratos são relativamente baixos nas águas subterrâneas, com níveis que variam entre 0.1 e 20.5 mg/L nos três estudos **(Figura 9)**. Todas as águas subterrâneas cumprem a norma de água potável em vigor no Burkina Faso para os nitratos, que é de 50 mg/L.

III.2.2.3. Fosfatos

As concentrações de fosfato foram mais ou menos as mesmas ao longo das três estações, com um ligeiro aumento em setembro. Este facto pode ser explicado pela lixiviação dos adubos químicos utilizados na agricultura. Os níveis variaram entre 0,23 e 2,3mg/L durante as três campanhas **(Figura 9)**. É de notar que a norma relativa à água potável não estabelece qualquer norma para os fosfatos; o valor de referência imperativo seria de 0,4 mg/L.

III.2.2.4. Sulfatos

As concentrações de sulfato são relativamente idênticas ao longo das estações, com valores que variam entre 0,1 e 16,95 mg/L **(Figura 9)**. Os níveis de sulfato cumprem a norma de 250mg/L.

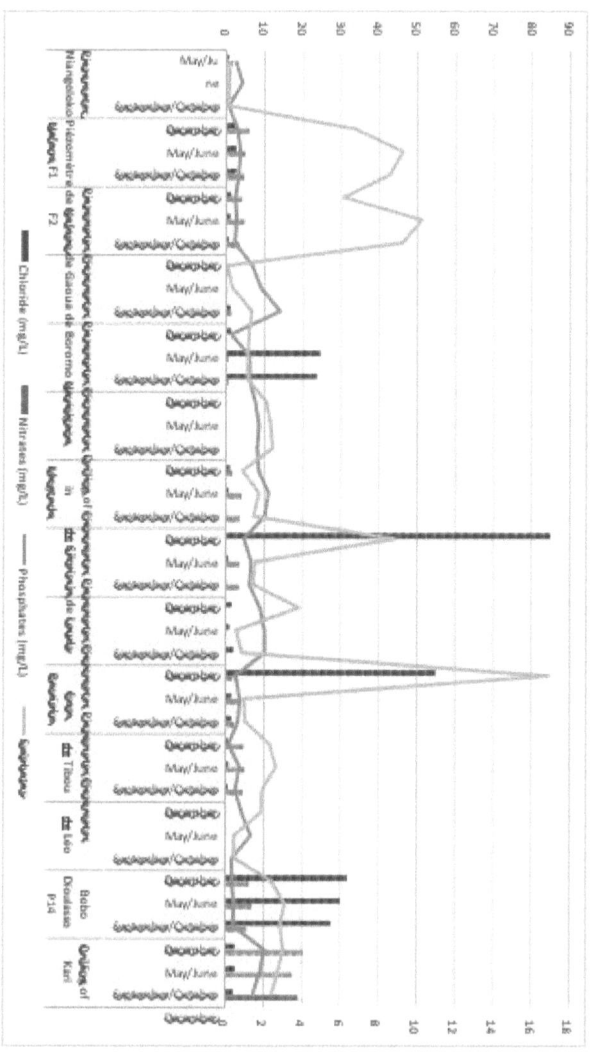

Figura 17: Variações espácio-temporais dos níveis de cloreto, nitrato, fosfato e sulfato nas águas subterrâneas estudadas

III.2.2.5. Potássio

As concentrações de potássio foram relativamente idênticas nos três levantamentos, variando de 0,5 a 14,5 mg/L nos três levantamentos. Os dois valores mais elevados foram observados nos piezómetros Boromo (12,5 mg/L) e Léo (14,5 mg/L) **(Quadro II)**. No entanto, é de notar que não existe uma norma de potássio para a água potável; o valor de referência imperativo seria de 200 mg/L.

III.2.2.6. Sódio

As concentrações de sódio variaram entre 0,5 e 29,31 mg/L ao longo das três campanhas (Tabela II). (O valor máximo foi observado no piezómetro de Tibou **(Tabela II)**. As concentrações de sódio estão em conformidade com a norma de água potável de 200 mg/L.

III.2.3. Teor de metais pesados nas águas subterrâneas

As concentrações de cobre e zinco nas águas subterrâneas foram praticamente nulas em ambos os períodos, uma vez que se encontravam abaixo do limite de deteção do instrumento de 0,05mg/L **(Tabela II)**.

Todos estes valores estão em conformidade com as normas, que são de 1 mg/L para o cobre e 3 mg/L para o zinco. As concentrações de manganês estão, na sua maioria, abaixo da norma, que é de 0,5 mg/L. No entanto, foram observados valores acima da norma nos piezómetros de Niangoloko (0,89 mg/L) e Louda (1,37 mg/L) **(Quadro II)**.

Os elevados teores de manganês devem-se à natureza das rochas por onde passa.

IV. OBSTÁCULOS

As principais dificuldades que impediram a execução das actividades são as
seguintes

- Avarias repetidas nos equipamentos de análise;

- Falta de fundos para a manutenção;

- Falta de especialização na utilização de certos equipamentos de laboratório por
parte do pessoal, devido à ausência de formação do novo pessoal na utilização
desses equipamentos, especialmente dos equipamentos pesados;
- Mobilidade do pessoal de laboratório devido à falta de motivação;

- Esgotamento das existências de reagentes e consumíveis;

- Insuficiência de meios logísticos (veículos) para efetuar as missões no terreno;

- O número reduzido de funcionários do laboratório (quatro) não permite realizar
corretamente todas as actividades do laboratório (limpeza dos vidros das
amostras, manipulação do material nas estações de análise, introdução e
tratamento dos dados, etc.);
- A quase inexistência de serviços de manutenção da rede de abastecimento de
eletricidade e de água para assegurar a funcionalidade do edifício do laboratório
da DGRE;
- Insegurança em certas zonas de amostragem.

V. RECOMENDAÇÕES E PERSPECTIVAS

Com vista a uma melhor realização das actividades do serviço, que se podem resumir da seguinte forma principalmente para os serviços de laboratório, é necessário :

- Acelerar o processo de desbloqueamento dos orçamentos e racionalizar os procedimentos de aquisição, de modo a que o equipamento e os consumíveis do laboratório estejam disponíveis a tempo de prestar estes serviços;
- Continuação dos esforços para tornar o laboratório da DGRE operacional, fornecendo um espetrómetro de massa com plasma indutivamente acoplado (ICP-MS), um novo cromatógrafo de iões ou cromatografia líquida de alta eficiência (HPLC), um destilador de água ultrapura, acessórios para o cromatógrafo de gás e bombas de amostragem de águas subterrâneas.

- Recrutar e formar permanentemente o pessoal de laboratório no manuseamento e na manutenção preventiva do equipamento e motivar o pessoal a reduzir ao mínimo a sua mobilidade;
- Elaborar e afetar um orçamento para a manutenção e reparação do material de laboratório;
- Elaborar planos de manutenção e reparação com os fabricantes ou os seus representantes;
- Elaborar e aplicar os textos organizativos e funcionais do laboratório;
- Recrutamento de peritos para apoiar a conceção e a implementação de um gestão da qualidade de acordo com a norma 17025;

- Trabalhar para reforçar a colaboração entre as diferentes estruturas envolvidas na análise da água a nível nacional e internacional.

- Resolução de problemas nas redes de abastecimento de eletricidade e de água para assegurar a continuidade da funcionalidade do serviço do edifício do laboratório.

CONCLUSÃO

Este trabalho incidiu sobre a qualidade das águas superficiais e subterrâneas na rede de monitorização da qualidade da água da Direção-Geral dos Recursos Hídricos (DGRE). Consistiu na realização de três campanhas de amostragem de água na rede, seguidas de análises in situ e laboratoriais, exceto em locais situados em zonas inseguras do país. Para o conjunto das águas estudadas, verifica-se que, no caso das águas de superfície, certos locais (barragens n.º 2 e n.º 3 em Uagadugu e barragem de Goinré em Uahigouya) estão sujeitos a uma poluição de origem antrópica (poluição por nitratos, sulfatos, cloretos, fosfatos, sódio, potássio e metais pesados).

A qualidade das águas subterrâneas é satisfatória, uma vez que a maior parte dos parâmetros analisados está em conformidade com as normas relativas à água potável em vigor no Burkina Faso. No entanto, a maior parte das águas subterrâneas estudadas apresentam níveis de turvação elevados que ultrapassam a norma. Os piezómetros de Boromo, Mogtedo, Nafona F1, Niangoloko e Louda apresentam turbidez superior a 5 NTU; os piezómetros de Niangoloko e Louda apresentam níveis de manganês superiores à norma. No total, menos de 50% das águas subterrâneas analisadas estão em conformidade com as normas de água potável em vigor no Burkina Faso. Dada a importância do conhecimento da qualidade da água, é necessário dotar o laboratório da DGRE de meios materiais, humanos (qualificados e bem formados) e financeiros suficientes para garantir uma avaliação correcta da situação da qualidade da água no país e um acompanhamento permanente da rede de qualidade. É igualmente importante considerar a possibilidade de monitorizar a nova rede de qualidade optimizada e as redes-piloto nas minas e descargas industriais lançadas em 2021, a fim de determinar a qualidade global dos recursos hídricos do Burkina Faso.

REFERÊNCIAS BIBLIOGRÁFICAS

- DGRE (Direção-Geral dos Recursos de Água), 2020, Relatório sobre o estado dos locais e a qualidade das águas brutas do vale do Mouhoun: relatório de investigação parcial, 178p ;
- Decreto conjunto Nº00019/MAHRH/MS que define as normas de potabilidade da água

em vigor desde 05 de abril de 2005;

- Normas de descarga burquinenses retiradas do DECRETO N.º2015- 1205 IPRES-TRANS/PMI MERH IMEF/MARHASAIMS/MRA/MICAI MME/MIDT/MATD sobre normas e condições de descarga de águas residuais;
- Normas da OMS (2017), alguns parâmetros físico-químicos da água ;

- BAWAR B., 2022; Stratégie de Management communautaire des ressources en eau, documento específico sobre a gestão dos recursos hídricos, publicado pela EUE, 2022. ISBN ; 978- 613-9-50139-7, 61p.

APÊNDICES

APÊNDICE 1: QUADRO I: ALGUNS DOS EQUIPAMENTOS E MÉTODOS DE ANÁLISE UTILIZADOS

Parâmetros analisado	Unidades	Métodos	Normas	Equipamento utilizado	Limites de deteção
Temperatura	°C	Eletroquímica	NF EN 27888	Medidor de condutividade 3210	0.0 à 60.0
pH		Eletroquímica	NF T 90-008	Hanna HI 98128	-2.00 à 16.00
Condutividade	µS/cm	Eletroquímica	NF EN 27888	Medidor de condutividade 3210	0.0 à 3999
Turbidez	NTU	Nefelométrico	NF EN ISO 7027	Turbidímetro 3550 IR	0.02
Cloreto	mg/l	Cromatografia/espetrofotometria	Método HACH 8048	Metrohm/DR3900 Cromatógrafo de iões IC	0.02
Nitrato	mg/l	Cromatografia/espetrofotometria	Método HACH 8114	Metrohm/ DR3900 Cromatógrafo de iões IC	0.3
Fosfato	mg/l	Cromatografia/espetrofotometria	Método HACH 8008	Metrohm/ DR3900 Cromatógrafo de iões IC	0.02
Sulfato	mg/l	Cromatografia/espetrofotometria	Método HACH 8051	Metrohm/ DR3900 Cromatógrafo de iões IC	2
Sódio	mg/l	Espectrometria de absorção atómico	FD T90-112	SAA Pináculo Perkin Elmer 900T	0.5
Potássio	mg/l	Espectrometria de absorção atómico	FD T90-112	SAA Pináculo Perkin Elmer 900T	0.5
Cobre (Cu)	mg/l	Espectrometria de absorção atómico	FD T90-112	SAA Pináculo Perkin Elmer 900T	0.05
Manganês (Mn)	mg/L	Espectrometria de absorção atómico	FD T90-112	SAA Pináculo Perkin Elmer 900T	0.05
Zinco (Zn)	mg/l	Espectrometria de absorção atómico	FD T90-112	SAA Pináculo Perkin Elmer 900T	0.05

Apêndice 2: Algumas fotografias ilustrativas, DGRE 2023: equipamento, análises, amostragem no terreno, medições in-situ

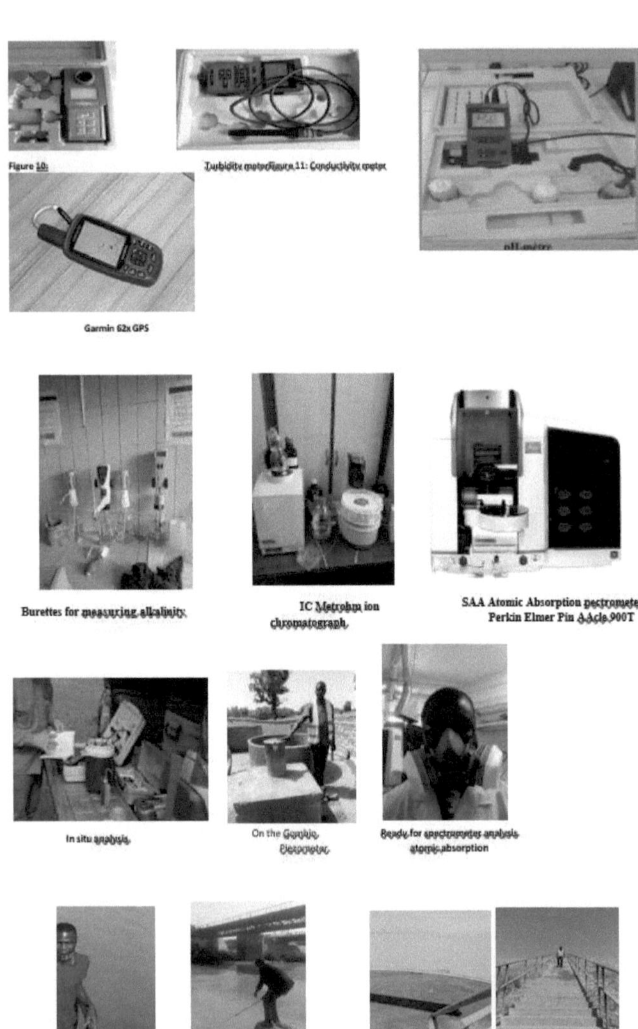

Printed by Books on Demand GmbH, Norderstedt / Germany